U0152817

嬰兒
小小宇宙 繁花盛開

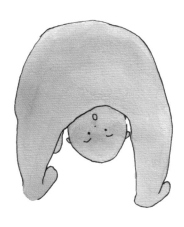

賴靜怡 文·圖

序

第一次成為新生兒的主要照顧者,24小時面對無法溝通的嬰兒,我既惶恐又手足無措。兒子對於我而言,像一個謎樣生物般,縱使有無數個疑問,卻又相對無言,不得其解。我整日在嬰兒的生理需求中忙得團團轉,甚至常常忘了對那小小無助的嬰兒微笑。

而後藉由育兒書籍才了解,即使嬰兒還不會說話,父母的語言不但對嬰兒的腦神經發展極其重要,親子間的語言互動(即使是沒意義的咿咿呀呀對話)產生的親密感,對孩子日後人格正向發展影響很大。育兒專家七田真先生(Shichida Makoto)也建議,可以多唸具有音律感的詩給孩子聽,對孩子有很大幫助。然而,唸著和嬰兒生活有距離的詩句,總覺得眼前的孩子產生不了共鳴。那不然,我來為他寫些嬰兒詩吧!

兒子喝完奶拍嗝的時候,我唸了打嗝的詩,加上誇張的互動動作,兒子的眼睛亮亮的,饒富興味的看著我,好像在說「再來、再來」,於是又有了穿衣服的詩、洗澡的詩、睡覺的詩……最後寫成了這一本嬰兒小小宇宙詩集。

期望這一本專為0歲寶寶各階段發展所寫的生活詩,能為父母與孩子的日常育兒生活增添一些趣味與靈感。0歲寶寶的成長飛快,從他們一暝大一寸的日常,我們何其有幸能一同陪著地表最新的謎樣生物,打開他的宇宙、見證他的宇宙大爆炸又重獲新生,在一片渾沌中開出美麗的花朵,乃至一整個世界的繁花盛開!

目 次

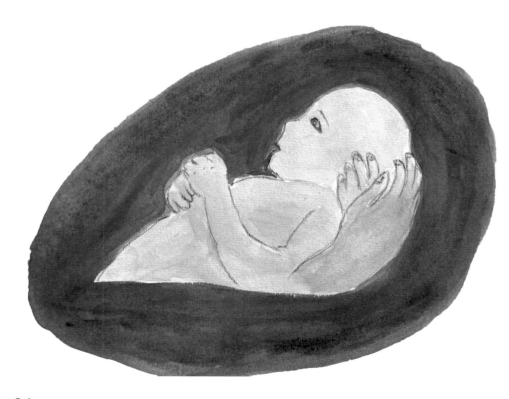

浴佛(洗澡1)

帶著天生來的仙氣與肥滿雙頰

靈魂還半睜半閉著

輕輕捧著你

為你澆下甘露

揭諦揭諦　波羅揭諦

第一滴水珠

滴落

頭 眼 鼻 心

你

如蓮花綻放

打嗝‧拍嗝‧呃

青蛙青蛙　呱呱呱
娃娃喝奶　你呱呱
呱呱呱　哇哇哇
跳進娃娃的肚子啦

哇哇哇　呱呱呱
娃娃蛙蛙　呃呃呱

媽媽來
拍
拍
拍
大小青蛙跳出來
跳出來
跳出來

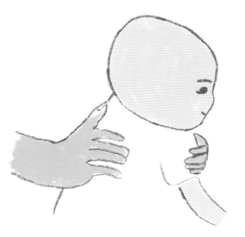

喝奶（側躺親餵）

媽媽躺著
像一座加油站
寶寶來，來把油加滿！

媽媽躺著
像一個行動電源
寶寶來，來把電充滿！

媽媽躺著
像一座港邊的山丘
寶寶來，你是靠岸的漁船
熄火睡覺囉！

宅急便

叭叭，宅急便來了！

「媽媽 收」尿布包裹是寶寶每天給媽媽的悄悄話

嬰式日常

新手爸媽為了了解新生兒的身體狀態，從他們每日的排便裡探尋蛛絲馬跡是重要工作。
頻率、形狀、顏色、數量都是健康與否的具體表徵。
展讀尿布時，就像偵探研讀摩斯密碼、推理辦案一樣。

像春天的微風
輕輕吹過石牆上淡綠色的青苔
今天的宅急便是抒情的十四行詩

像夏天的午後雷陣雨
凌亂的雨絲加上雷聲轟隆隆
今天的宅急便是激烈的霹靂金光布袋戲

像秋天的晴空
一朵白雲來了又伴隨著風聲離去
今天的宅急便是To be, or not to be的莎士比亞歌劇

像冬天的寒流
刺骨又揪心
今天的宅急便是暗黑曲折的驚悚推理

I LOVE YOU　I LOVE YOU[1]
把愛推進你的腸胃
明天，也請送出小嬰宅急便喔！

[1]「I LOVE YOU按摩法」是在寶寶肚皮上連續畫I、L、U字形的腸胃按摩手法，能增進腸胃健康、促進排便。

穿衣服

手手放輕鬆　穿過長隧道
腳腳抬高高　灌出香腸腿
還有鐵扣喋喋喋

摸摸手腳和後頸
破解加衣減衣的密碼

蝴蝶衣、包屁衣、連身衣、屁屁褲、帽子、
圍兜、手套和鞋子
小小身軀一暝大一寸
衣服換呀換
時間走呀走
穿上季節　穿上性別　穿上關心　穿上階級
也穿上了社會

但是
不管穿了什麼
媽媽知道
衣服下的你才是你
你就是你

笑容

寶寶臉上有
爺爺、爸爸的眉毛
奶奶、伯父的眼睛
外婆、阿姨的鼻子
還有外公、媽媽$_2$
和住天堂的阿太 的嘴巴

你一笑
全家人在你的臉上笑成一團

謎様生物

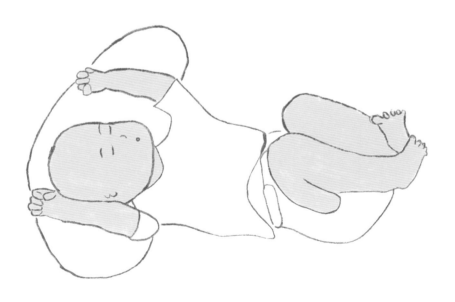

有一天
在家裡角落的搖籃裡
躺著一個謎樣生物
手腳亂揮還會扭動
甚至咿咿叫

你在對我笑嗎？

你跟誰囁嚅說話？

你還在呼吸嗎？

你為何如此安靜？

你想睡了嗎？

你覺得冷嗎？

你餓了嗎？

你愛我嗎？

這是夢嗎？

手指研究員

我有兩顆馬鈴薯

在臉前揮舞

有一天

左邊一二三四五

右邊也一二三四五

紛紛竄出小枝芽

我有兩隻小海星

觸手摸東又摸西

有一天

右手東西南北碰

左手也上下左右碰

抓個玩具塞嘴啃

還能捧著媽媽的臉親

嬰式日常

"

嬰兒剛出生時，手呈現握拳狀，有時候還會被自己亂揮的手嚇到。
直至3~4個月大開始，好像發現新大陸似的，常常盯著自己的手指研究，並試著張開、伸直、舉高、觸碰、
放進嘴巴……好奇嚐試各種實驗，一路慢慢認識並學習著使用這左右兩個「好幫手」。

"

在背巾裡和媽媽散步

在媽媽子宮裡
我來過這裡
坐在公園的長椅
太陽又亮又熱情

現在我能感受微風吹
聞到桂花味
看見鳥兒飛
還能和媽媽拌嘴
摸摸媽媽的耳垂

趴在媽媽的胸口
還是一樣的心跳
在媽媽子宮裡
我曾經聽過

和媽媽一起上咖啡館

只要在背巾裡
一起坐上老木椅
一起聞著咖啡香
看著妳像單身時的快意
我就不吵也不鬧

只是
下一秒我可能就會打翻咖啡

媽媽又變回媽媽
媽媽已經是媽媽

翻
身

我是四腳朝天的綠蠵龜
左右搖動不嫌累
卻搖不出自己的龜殼背

我是愛翻肚子的苦花魚
上下翻動不嫌累
卻翻不出身旁的水漩渦

我是喜歡打滾的孫悟空
前後滾動不嫌累
卻滾不出媽媽的如來掌

姑 路[3]

咕嚕咕嚕咕嚕嚕
喝完奶奶撸撸頭

嘟嚕嘟嚕嘟嚕嚕
咿呀講話撸撸頭

呼嚕呼嚕呼嚕嚕
做個好夢撸撸頭

小腦袋瓜撸呀撸
撸出一枚弦月禿
照亮姑姑回娘家的路

姑姑帶雙小鞋做等路
兩個媽媽笑呼呼

[3] 小嬰兒出生幾個月後，喜歡把頭轉來轉去，加上常仰躺，最後將後腦勺磨出一小片禿髮。
在習俗上，要由嬰兒的姑姑買雙鞋或帽子給嬰兒，讓小嬰兒的頭髮快快長出。
習俗的來由可能是古早時候嫁出去的女兒回娘家不易，利用這個機會讓姑姑回來看望娘家，
也看看家裡新生的嬰兒，也因此稱為「姑路」。

吃副食品

吃一口米飯　日月風土甜

啃一口玉米　兔子牙齒利

嚼一口花菜　小樹隨風擺

嘸一口豆腐　白雲小泡芙

嚐一口香菇　撐傘去散步

喝一口蘿蔔湯　舌頭泡溫泉

咬一口香蕉　月娘溫柔照

含一口鹹光餅　平安謝神明

吞一口口水　吐一個飽嗝

謝謝招待囉！

嬰式日常

嬰兒約4~6個月大起，主食仍是以「奶」為主，但這時期也可以開始吃固體食物，稱為副食品，
有些父母選擇從食物泥開始餵食，有些則選擇「BLW」(Baby Led Weaning，由寶寶主導的進食)。
「BLW」的作法是父母將大小、軟硬適中的食物交由寶寶，由寶寶用手自行放進嘴巴食用。
寶寶既能自主進食、發展手部精細動作，也能學習「咀嚼」與認識食物，盡情探索各種食物的味道與質地。

一閃一閃亮晶晶

莫扎特有變奏曲星星

我有好多燈燈星

紅綠燈　三色腰帶星

美髮店　旋轉彩帶星

土地公廟　燈籠星

垃圾車　給愛麗絲的黃流星[4]

十字架　十字星

檳榔攤　孔雀星座亮開屏

101蠟燭星　生日的人來許願

白天黑夜　晴天雨天

滿街都是小星星

嬰式日常

嬰兒自出生便喜歡尋找亮光，像個尋光人似的，著迷地追著各種光源。孩子大一點之後，對日常環境的各種「光」相當感興趣，我也因而跟著留意到街上各種發光的事物。例如每家檳榔攤都有不同造型的「孔雀燈」、教會十字架燈有紅、白兩種，而土地公廟則是都會掛上燈籠。每次坐在車上在街上繞著，伴隨路上的台北風景則少不了每天都變換不同顏色燈柱的101大樓。

[4]夜空中，有3顆肉眼可見的亮星無論在哪個方位出現，永遠連成一線，它們是獵戶座的腰帶。

旱鴨子戲水(洗澡11)

坐在澡盆裡
世界是一片汪洋
聽說「泳」字八法
那麼就試試吧！

點水　拍水　捧水　潑水
踢水　划水　抓水　甩水

我在水裡
水在手裡
隨意就能攪出一池風雨
我哪裡還是旱鴨子

爬行偈（初學爬行）

手把身體弓滿圓
抬頭便見地亦天
心餘力足方知道
「退後原來是向前」

呼~

> 嬰兒初學爬行時，一開始總是把屁股翹高高，使盡全力推送身體往前，但實際上都是一直往後退著走，再過一段時間才能學會向前爬行。在拼命往前衝之前，得先懂得後退，彷彿是適用一生的哲理，於是改編布袋和尚的「插秧偈」獻給努力不懈的寶寶。

陸地上的魚（爬行熟練期）

魚兒水中游
寶寶地面遊

魚有浪花搖海草
我有微風吹青草

魚有烏龜、海葵和沙子
我有小鳥、花朵和石頭

媽媽手放開
讓我像魚兒
悠遊全世界

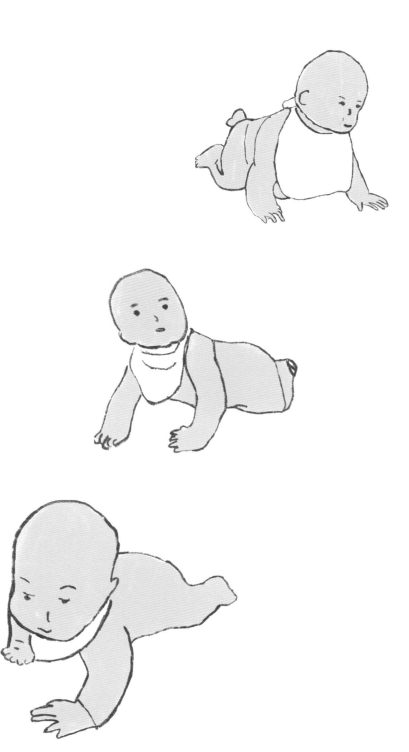

澡盆水怪(洗澡III)

水煙瀰漫湖面
有一水怪暗暗潛入
霎時，浪海翻騰 刀光劍影
且看那水怪大戰噴水大象三百回合
頃刻後，武事暫歇
水怪拍水長嘯 得意忘形

最終
布幕緩緩拉下
結局總是
雲州毛巾俠來把你收服

睡覺

蛋，然後是毛毛蟲，然後⋯⋯

二雙毛毛蟲 媽媽和寶寶
爬過來爬過去
碰碰額頭 敲一敲 瞧一瞧
用棉被做個繭
在裡面唱歌聊天說心事
貓貓 毛毛
熊熊 兇兇
湯湯 燙燙
甜甜 舔舔
趴趴 爬爬
爸爸 叭叭
寶寶 抱抱

睡著後，從繭鑽出來
我們都長出翅膀
一起飛入夢境去看花！

抓周

像蝌蚪伸出腳
成為青蛙
像毛毛蟲破繭而出
成為蝴蝶
你迎來人生第一個小小成年禮

你乳牙長了幾顆
牙牙學語
開始學走路
吃大人吃的飯
歡迎
踏入滾滾紅塵

為你梳妝打扮　舖好紅毯
你勇敢地往未來爬去
抓回一個預言/寄望
算盤？會計師！
聽診器？醫師！
尺？建築師！
書？老師！
這是二十年後
屬於你的蛻變？

我想
你也許會像
自由不拘的牽牛花
盈滿豐盛的向日葵
暗巷飄香的桂花
遺世獨立的玉山龍膽
或是轟轟烈烈的櫻花

也或許會像
隨遇而安的三葉草
大器揮灑的苦楝
沉潛清寂的人蔘
一生懸命的高麗菜
或是狂放張揚的榴槤

萬物自帶光芒
如那一沙 一塵
即使世界渾沌
你呀，永遠被宇宙萬物滋潤著
儘管以你獨有的姿態
歡歡喜喜 開天闢地

嬰兒小小宇宙　繁花盛開
賴靜怡　文・圖
Email:laipi329@gmail.com
◼ 嬰兒如是，如詩

王彥婷・美術設計
Email:mslucinewang@gmail.com

國家圖書館出版品預行編目 (CIP) 資料

嬰兒小小宇宙繁花盛開 / 賴靜怡文.圖. -- 第
一版. -- 新北市：商鼎數位出版有限公司，
2024.09
　面；　公分
ISBN 978-986-144-289-1(精裝)

1.CST: 育兒 2.CST: 繪本

428　　　　　　　　　　　113013127

嬰兒
小小宇宙　繁花盛開

文・圖　　賴靜怡

發 行 人　王秋鴻
出 版 者　商鼎數位出版有限公司
　　　　　地址：235 新北市中和區中山路三段136巷10弄17號
　　　　　電話：(02)2228-9070　傳真：(02)2228-9076
　　　　　客服信箱：scbkservice@gmail.com

編 輯 經 理　　甯開遠
執 行 編 輯　　尤家瑋
獨立出版總監　　黃麗珍
美 術 設 計　　王彥婷

商鼎官網

來出書吧！

2024年9月30日出版　第一版／第一刷